职业教育园林园艺类专业系列教材

园林美术

主　编	康国珍		
副主编	胡　旺	李温喜	
参　编	刘　祥	王姝娟	唐　欢
	张　鹏	姜春子	

U0217035

机械工业出版社

本书共分3个单元，分别介绍了结构素描、光影素描和色彩基础。

本书内容通俗易懂、实践性强，符合职业教育的特点。在编排上，本书将理论和实践紧密结合起来，强调专业基础的重要性，体现专业技能的实用性。

本书可作为职业院校园林、环境设计专业教学用书，也可作为相关行业从业人员的培训教材和参考用书。

本书配有电子课件，选用本书作为授课教材的教师可登录www.cmpedu.com免费下载，或加入机工社园林园艺专家QQ群425764048免费索取。如有疑问，请拨打编辑咨询电话010-88379373。

图书在版编目（CIP）数据

园林美术 / 康国珍主编. —北京：机械工业出版社，2019.3（2024.8重印）
职业教育园林园艺类专业系列教材
ISBN 978-7-111-62037-2

Ⅰ.①园…　Ⅱ.①康…　Ⅲ.①园林艺术—绘画技法—教材
Ⅳ.①TU986.1

中国版本图书馆CIP数据核字（2019）第030076号

机械工业出版社（北京市百万庄大街22号　邮政编码100037）
策划编辑：陈紫青　责任编辑：陈紫青
责任校对：炊小云　封面设计：马精明
责任印制：常天培
固安县铭成印刷有限公司印刷
2024年8月第1版第5次印刷
210mm×285mm·8.5印张·165千字
标准书号：ISBN 978-7-111-62037-2
定价：36.00元

电话服务　　　　　　　网络服务
客服电话：010-88361066　　机 工 官 网：www.cmpbook.com
　　　　　010-88379833　　机 工 官 博：weibo.com/cmp1952
　　　　　010-68326294　　金 书 网：www.golden-book.com
封底无防伪标均为盗版　　机工教育服务网：www.cmpedu.com

　　随着经济的飞速增长、城市化进程步伐的加快、生活水平的不断提高，人们对工作、生活环境的要求也越来越高，园林的概念已经扩展到城市的各个角落。目前，我国尚处于城市化建设时期，很多园林景观工程项目往往在利益的驱使下不断缩短工期，迫使设计师只能无奈地忽略园林造型和色彩设计。此外，园林造型、色彩设计等方面缺乏科学的理论指导，园林工程的施工质量较差等问题也影响到了项目的整体效果，甚至给人们造成了视觉污染。因此，园林设计的造型和色彩设计的改善迫在眉睫。园林设计及相关专业的学生是未来的园林视觉艺术创作者，这就要求从学校这一源头开始做起，重点提高学生的感受力、控制力、审美能力和创新能力。

　　安格尔曾说过：“素描是可以使艺术作品取得真正的美和正确的形式的唯一基础。”素描是一切造型的基础，是人类历史上最初的作画实践，是表达艺术感受和意图最有效、最直接的方式。素描不仅仅是线条加明暗的一种绘画形式和基础训练手段，更是一种观察方式、认识方式和造型思维方式。色彩是自然美、生活美、艺术美的重要组成部分，而色彩之美是人类真、善、美的一种可视化的体现。经过漫长的文明演变，国内已经形成了一套比较完善的素描、色彩美学理论。然而，能从真正意义上将素描、色彩美学等相关知识和园林设计科学结合起来，且系统性强、完整性高，可供园林设计专业学生学习的园林美术基础教材却并不多。

　　“园林美术”是园林设计专业课程结构中的重要组成部分，对创新、创作意识的培养具有开发性的作用，对设计人才审美能力的提高，对专业素质的培养和专业潜能的训练具有奠基及引领的作用。本书汇集了编者多年的心血，既吸收了前人的实践经验与研究成果，又融入了编者的心得体会。本书图文并茂，内容通俗易懂，在巩固美术基础的前提下，将理论知识与审美意识融入教学及绘画实践中，让学生开拓设计视野，把握设计要领，提高审美能力，提升艺术素养，全面体现了园林美术基础课程教学的新理念、新思维、新方法。希望本书的出版能为学生和从业人员在园林设计过程中提供理论依据。

　　本书由成都农业科技职业学院康国珍担任主编，成都农业科技职业学院胡旺和贵州商学院李温喜担任副主编。此外，参与编写的还有广东省南雄市第一中学刘祥，成都师范学院王淑娟，以及成都农业科技职业学院唐欢、张鹏、姜春子。

　　由于编者水平和时间有限，书中错误之处在所难免，敬请广大读者批评指正。

康国珍

目 录 C O N

单元3　　色彩基础

单元1 结构素描

学习目标

掌握正确的造型规律，正确地认识、理解和表现客观世界中的物象。运用透视原理进行观察，充分理解和表达物体自身的结构，从而培养基本的造型能力和设计审美能力，为将来从事园林设计打下基础。

课题 1 素描基本知识

1.1.1 素描的概念与分类

1. 概念

广义上的素描包括一切单色的绘画。"素描"单从字义上理解是"朴素的描写"，它是一种以单色为主的绘画形式，但其表现形式和表现的精细程度有所不同。素描是造型的基本语言，是造型艺术的基础。

狭义上的素描专指用于学习美术技巧、探索造型规律的绘画训练过程。简单来说，用木炭、铅笔、钢笔等绘图工具，以线条来表现出物象的轮廓、结构、体积、空间、光线、质感等基本要素的单色绘画方法，称为素描。

2. 分类

素描按传统艺术体系可分为两类：中国写意传统素描和西方写实传统素描。

按研究对象可分为静物素描、肖像素描和风景素描等。

按表现手法可分为两类：以分析、研究形体结构为主要表现手法的结构素描；以光影、明暗为主要表现手法的光影素描。

按表现的功能和目的可分为习作素描和创作素描。

按绘画风格可分为抽象素描、写意素描、写实素描和超写实素描等。

按绘画时间概念可分为短期素描和长期素描。

按绘画使用的工具可分为炭笔素描、铅笔素描、钢笔素描、圆珠笔素描和毛笔素描等。

1.1.2 学习素描的目的

要想具备良好的艺术专业基础，就必须经过严格的素描基本功训练，包括对自然科学规律的认识和掌握，以及对造型观念、美学原则和艺术表现方法的认识和实践。学习素描的目的是研究造型规律。写生中首先遇到的问题就是如何正确地认识和表现客观世界中的物象，素描基础练习的目的就是掌握抓住物象并加以正确表现的方法。只要用心观察、体

会，大胆地在画面上表达自己的所见和所想，就能获得有益的体验，掌握正确认识、理解和表现对象的方法。

1.1.3　素描的工具及运用

1. 素描工具

绘画创作，除了不断在表现上寻求突破外，理解与掌握素描工具的特性也不容忽视。只有有效地掌握素描工具，才能确保创作意念的自由表达，使笔能随意转动，游刃而有余。但素描工具对素描而言，只是一种手段，而非目的。在素描工具的选择上，不必过于拘泥。只要能符合素描学习的要求与效果，任何素描工具皆可运用。

（1）铅笔　铅笔绘出的线条和色调柔和细润、层次比较丰富，且附着力强、容易修改、易于把握。目前市面上的铅笔款式众多，外表各不相同，主要根据铅笔笔芯的软硬度来区分。在铅笔末端，通常都会以 H（Hard）及 B（Black）的号数标明其软硬度（图 1-1）。

"H"代表硬度，如 H、2H、3H、4H 等。"H"前面的数字越大，笔芯硬度越大，色度越小，适合精密描绘。

"B"代表黑度，如 B、2B、3B、4B、5B、6B 等。"B"前数字越大，笔芯硬度越小，色度越大，适合素描练习。

HB 型铅笔软硬适中。对于初学者，铅笔可以从 HB 到 6B 中进行选择。一般在素描作品开始构图的阶段，用 2B、3B、4B 均可；构图完成后，明暗调子层层深入时，使用的铅笔应该遵循笔芯由软到硬的原则，否则有可能出现颜色不能深入下去或者画面反光的现象。

（2）炭笔　炭笔的使用方法和铅笔很相似。炭笔的色泽深黑，具有较强的表现能力，是素描的理想工具，但画重时很难擦掉（图 1-2）。

图 1-1　铅笔

图 1-2　炭笔

3

（3）木炭条　木炭条是用树枝烧制而成的，色泽较黑、质地松散、附着力较差，绘画完成后需喷固定液，否则极易掉色，破坏效果。木炭条一般与炭笔和炭精条结合使用（图1-3）。

（4）炭精条　常见的炭精条有黑色和赭石色两种，质地比木炭条更硬，附着力较强（图1-4）。

（5）橡皮　绘画用的橡皮一般为较软的橡皮和可塑性橡皮。初学者一般用软橡皮即可。可塑性橡皮如同橡皮泥，用起来也非常方便（图1-5）。

（6）画板和画夹　画板和画夹都有不同的型号，大小可随画幅而定，以4开左右的画板为宜。画板比较坚固耐用，画夹则方便携带，二者都是外出写生的好帮手（图1-6）。

（7）画纸　画纸要选用纸面不太光滑的素描纸，其质地坚实，可反复擦改，纸面不易损坏（图1-7）。

图1-3　木炭条

图1-4　炭精条

图1-5　橡皮

图1-6　画板和画夹

图1-7　画纸

2. 素描工具的运用

（1）握笔 握笔姿势如图 1-8 所示。

绘画的握笔方法是拇指、食指和中指捏住铅笔，可以用小指作支点支撑在画板上（或悬空），靠手腕或手臂的移动来画出线条（图 1-9）。

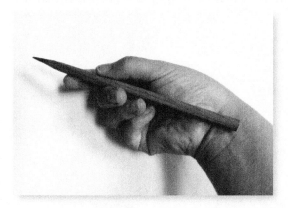

图 1-8

图 1-9

画横线的握笔姿势如图 1-10 所示。
画竖线的握笔姿势如图 1-11 所示。

图 1-10

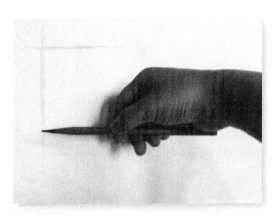

图 1-11

（2）画板的使用

①画板在摆放时要基本和视线垂直，画者和画板之间应保持可伸直臂膊的距离。这样在画的过程中，始终能照顾到全局，也能避免由于视角的原因而造成的透视变化。

②画板位置确定后，在画的过程中就不要再移动，以避免因为画板角度临时发生变化，而无法在画面中准确表达物体的真实位置。

3.素描排线方法

素描是由无数不规则的线条以独特的排列方法组合而成的，常用的有平行直线、交叉直线、弧线，此外还有曲折线、短线、绕圈线等。但是不管用哪种排列方法，最终目的就是用线条更好地呈现出心中理想的作品。线条排列是重要的素描表现方法之一。

优美的排线线条两头轻、中间重，良好的排线技巧可以更好地运用到不同的素描作品当中。

（1）正确的排线方法（图1-12）

并列排线　　　　　　交叉排线　　　　　　虚实排线

图　1-12

（2）错误的排线方法（图1-13）

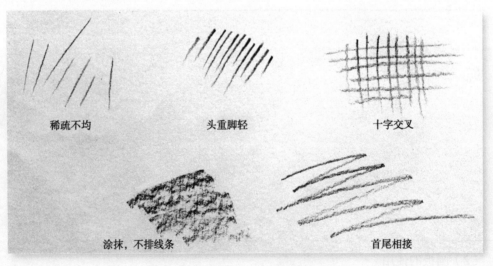

稀疏不均　　　　　头重脚轻　　　　　十字交叉

涂抹，不排线条　　　　　　　首尾相接

图　1-13

在素描时，排线是运用得最多的一种表现形式，但是这种表现形式不是一朝一夕就能练好的。排线需要坚持用正确的握笔姿势，多练多学。例如，在画直线时，应控制好手腕的平稳度，保持线条的笔直；在画交叉排线时，应尽量避免画井字形排线和带钩的排线，

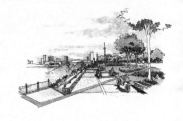

以免影响效果。

1.1.4　透视

透视是通过一层透明的平面去研究其背后物体在该平面上呈像的视觉科学。

1. 透视的基本知识

（1）视点　绘画者眼睛的位置。

（2）视线　视点与物体任何部位的假想连线。

（3）视平线　绘画者眼睛平视前方时，与人眼等高的一条水平线。

（4）心点　绘画者眼睛正对着视平线上的一点。

（5）视中线　视点与心点相连，与视平线成直角的线。

（6）消失点（或称灭点）　与画面不平行的物体，在透视中将水平方向的各边线延伸后，各线相交到心点两旁的点。

（7）天点　垂直方向的各边线延伸后，各线相交于视平线以上的消失点。

（8）地点　垂直方向的各边线延伸后，各线相交于视平线以下的消失点。

透视的基本规律是近大远小、近实远虚（图 1-14）。同样大小的物体离眼近时，在眼前构成的视角大，在视网膜上形成的影像也大；离眼远时，视角小，在视网膜上形成的影像也小（图 1-15）。由于视觉的原因，近处的物体会感觉更清晰，而远处的物体会感觉有些模糊，这一现象在绘画中也经常用来表现物体的空间感，即近实远虚。

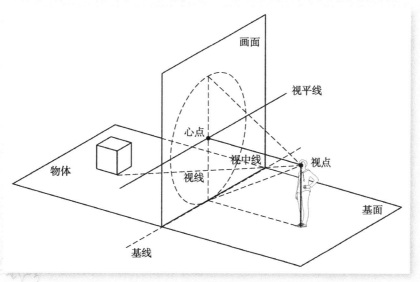

图　1-14

图　1-15

　　正方体的各条边是相等的，但在画面上的正方体各条边的长度却不能画成一样长，要根据透视变化的规律——近大远小来分析。

　　距离也会造成色彩变化，即色彩透视和空气透视。

2. 几种基本的透视形式

　　（1）一点透视　　也称平行透视。当一个立方体正对着我们，其上下两条边界与视平线平行时，消失点只有一个，正好与心点在同一个位置。这种透视有整齐、平展、稳定、庄严的感觉（图1-16和图1-17）。

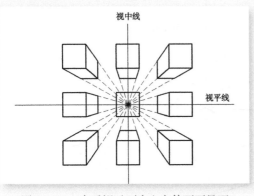

图1-16　一点透视（不含立方体不可见面边界线效果）

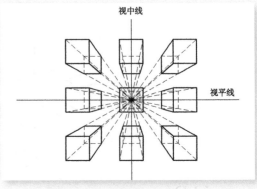

图1-17　一点透视（含立方体不可见面边界线效果）

（2）两点透视　也称成角透视。当一个立方体斜放在我们面前时，其上下两条边界就产生了透视变化，延长线分别消失在视平线上的两个点上。此时，该立方体有两个消失点（图1-18和图1-19）。

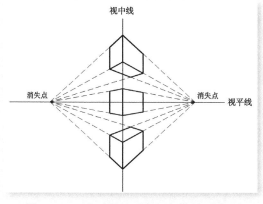

图1-18　两点透视（不含立方体不可见面边界线效果）

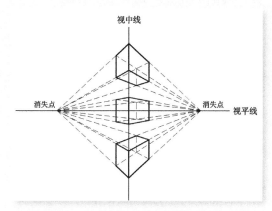

图1-19　两点透视（含立方体不可见面边界线效果）

（3）三点透视　三点透视一般用于超高层建筑。三点透视有三个消失点，高度线不完全垂直于画面（图1-20~图1-23）。

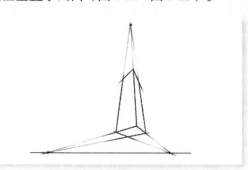

图1-20　三点透视（仰视角度）

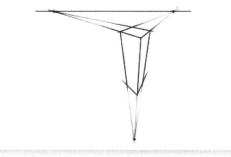

图1-21　三点透视（俯视角度）

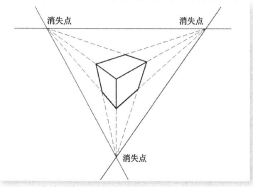

图1-22　三点透视（俯视角度）（不含立方体不可见面边界线效果）

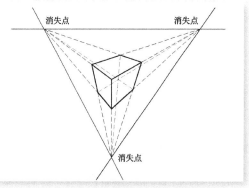

图1-23　三点透视（俯视角度）（含立方体不可见面边界线效果）

（4）圆形透视　一个圆形的平面或者一个横截面是圆形的物体，其圆形经过透视变化后往往会画成椭圆形。当物体圆面离视平线近的时候，画面上的圆面比较扁；远离视平线时，画面上的圆面比较圆（图1-24）。

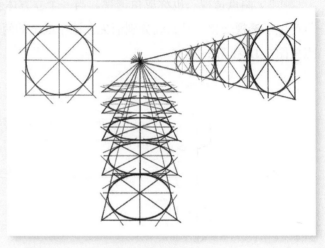

图1-24　圆形透视

1.1.5　构图

1. 构图的定义

绘画时，根据不同的题材和主题思想表达的要求，在一定的空间内，通过特定的方法，把需要表现的物象适当地组织起来，合理安排好其位置和组合关系，构成一个完整的、协调的画面，该过程称为构图。

构图的目的在于增强画面的表现力。绘画离不开构图，如果把绘画比作演出，那么构图就是剧本。

2. 构图的原则

构图时，要对画面中的内容和形式进行整体的考虑和安排，在构图中注意强调变化与统一、对称与均衡，做到主题突出、主次分明、疏密得当、意图明确，具有形式美感。

（1）变化与统一　在统一中求变化，在变化中求统一。统一是指构图中各部分元素之间相互联系，目的是达成和谐。变化是指相异的因素合在一起所形成的对比效果。对比的形式多样，大致可分为以下三类：一是形状的对比，如大与小、圆与方、粗与细等；二是灰与灰的对比，如明与暗、深与浅、黑与白等；三是空间心理感受的对比，如高与矮、疏与密、繁与简、聚与散、远与近等（图1-25）。

变化和统一是相对的概念，变化趋于对比和动感，统一趋于和谐和静感。过分统一而没有变化，画面容易显得单调、乏味，缺少生命力，失去美感；过分变化而没有统一，画面则容易显得杂乱无章，缺乏和谐与秩序。所以，合理的处理好变化和统一能升华主题，

图 1-25   苏州博物馆

增强作品的艺术感染力。

（2）对称与均衡   对称与均衡是构图的基础，主要是为了使画面在视觉上和心理上让人有平衡感和稳定感。

对称形式的构图在视觉上能产生一种重复的共性因素，具有一种单纯的、简洁的、定性的统一美，能给人以庄重、稳定、和谐、威严的感觉。对称形式分为绝对对称和相对对称两种，但是在素描构图中切忌使用绝对对称，以免画面过于呆板。

均衡指在布局上等量但不等形的平衡。均衡形式的构图动中有静、静中有动，对应而平衡，能在视觉上使人感到一种内在的、有秩序的动态美。对称与均衡并不是对立的概念，而是互为联系的两个方面，对称能产生均衡感，而均衡又包含对称的因素在内，两者具有内在的统一性：稳定。对称与均衡都是一种合乎逻辑的比例关系，但都不是平均。平均虽然显得稳定，但是缺少变化，容易显得死板，失去美感，所以构图时切记不要平均分配画面（图 1-26）。

11

图 1-26　故宫

3. 构图的形式

　　构图的形式很多，可根据具体的创作情景来选取。常见的构图形式有横构图、竖构图、三角形构图、四边形构图、圆形构图、对角线构图、C 形构图、L 形构图、S 形构图、放射形构图、井字形构图和十字形构图等。

　　（1）横构图——展现广阔空间　横构图是最常用的一种构图形式。横构图之所以被广泛应用，主要是因为它符合人们的视觉习惯和生理特点。横构图能给人以自然、舒适、平和、宽广、宁静、向左右延伸的视觉感受。此外，横构图还能够使画面在心理上产生一种稳定感。横构图的物体不宜放在画面正中，应当处于偏上或偏下的位置。横构图在纵向上的空间层次较少，为了让画面丰富，各个物体要在形状、大小、高矮、颜色等因素上形成对比，同时还要安排好位置，形成前后变化丰富的空间层次（图 1-27）。

　　（2）竖构图——主体纵深感突出　当画面中的垂直线条较多，或者绘画对象的高宽比达到甚至超过 1：1 时，适合采用竖构图，这样有助于强化景物的纵深感，增添画面的活力与动感（图 1-28）。

　　（3）三角形构图——主体突出、层次明确　三角形构图（图 1-29）是一种古老且常见的构图形式。构图时将需要表达的物象分隔、组织、排列在三角形中，或者物象本身构

12

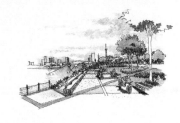

成三角形。三角形构图根据具体形状和空间位置不同可分为正三角构图、斜三角构图和倒三角构图。

正三角构图在力学上最稳定，在心理上会给人以安定、坚实和不可动摇的稳定感和力量感，如金字塔。正三角构图不受对象数量的限制，适用于对象高度落差明显、错落有致的画面。但是正三角构图容易使多个对象在同一条直线上，造成空间紧缩，给人单调、乏味的感觉，所以构图时需合理安排和组织。而倒三角构图则与正三角构图效果完全相反，易产生强烈的不稳定感。

（4）四边形构图——庄严、稳重、平和　四边形构图的形式变化无穷，包括不规则四边形构图、平行四边形构图（普通平行四边形、矩形、菱形、正方形）、梯形构图。四边形构图能使画面产生强大的张力，形势变化自由和谐，是一种较有活力的构图。梯形构图与三角形构图类似，都是一种稳重的构图，在视觉上显得沉稳、结实，有力量美感。菱形构图比正三角构图更容易掌握，一般不会产生多个物象同处于一条直线上的问题（图1-30）。

图 1-27　茶壶和水果　　　高　更

图 1-28　向日葵　　　梵·高

13

图1-29　一盘樱桃　　　　　　　　　　塞尚

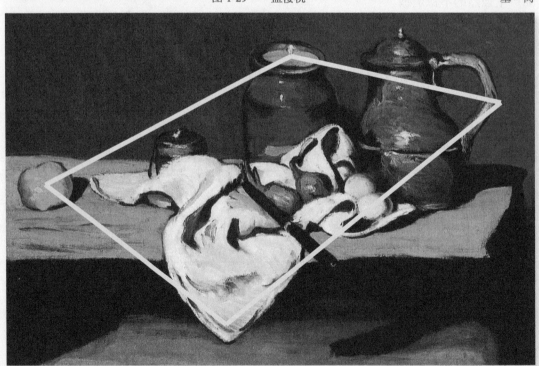

图1-30　绿壶和白锡罐　　　　　　　　塞尚

　　（5）圆形构图——主体突出，向心力强　让画面中的物像整体呈现圆形，有强烈的向心力，会产生运动、旋转和收缩的视觉效果。当圆形被拉长时，圆形构图就变成椭圆形构图。椭圆形构图多采用宽度大于高度的横幅形式，既能产生静态效果，也能产生动态效果，同时还具有较为明显的整体感（图 1-31）。

　　（6）对角线构图——富于延伸感、运动感，吸引人的视线　对角线构图中的对角线可以是直线，也可以是曲线或折线，只要整体延伸方向与画面对角线方向接近即可。对角线所形成的对角关系会使画面产生极强的动感和纵深效果，把人们的视线引导到画面的深处。在对角线构图中，除了明显对角线的形式外，还有"隐形"对角线的形式，即以人的视觉感应形成的对角线形式，主要表现为由物象的形状、影调、光线等产生的视觉抽象线。

　　（7）C 形构图——曲线优美，变化多端，画面具有流动性　C 形构图可以延伸画面的空间感，使画面饱满而又有韵律，其动感程度比其他形式的构图更强，更容易表现较大空间的物象组合。

　　（8）L 形构图——韵律感强　L 形构图的视觉中心位于 L 形纵轴偏上部位，把主体安排在 L 形纵轴上，其余物象则有规律地沿着 L 形横轴布置。L 形构图能使画面产生无穷的生机和情趣。

图 1-31　有苹果和橘子的静物　　　　　塞　尚

（9）S形构图——活泼、优美、流畅　S形曲线显得优美，富有活力和韵味。在S形构图中，通常会采取上窄下宽的方式，通过缩短"S"的上部，拉长"S"的下部，形成上紧下松的构图关系。同时可以通过S形把画面中散乱的、无关联的物体连接起来，使观看者的视线随着S形向纵深移动，能更好地表现场景的空间感和深度感，且画面尤为流畅、生动、活泼，所以S形构图能给人一种美的享受（图1-32）。

图1-32　静物和朗姆酒瓶　　　　　塞　尚

（10）放射形构图——聚焦视线　放射形构图同时具有向内外的张力和吸引力，使其中心位置十分突出，并且具有强烈的动感。放射形构图具有一定的概括能力，将结构复杂的物体归结为一个整体，使画面有强烈的整体感（图1-33）。

（11）井字形构图——画面富于变化与动感，空间感较强　井字形构图是以井字形将整个画面横竖分为九部分，然后把主体合理安置在"井"字四个交叉点中任何一点上的构图形式。这里的交叉点都符合黄金分割定律，就是主体的最佳位置，这样的画面比例相对于其他构图比例显得更加协调和舒适，更符合人们的审美习惯。

图 1-33　桌子上的水壶和水果　　　　　　　　　　塞　尚

（12）十字形构图——具有稳重、严肃、安静之感，透视和空间感非常强　十字形构图是在画面中心画横竖两条线，把画面分成四个部分，并将主体放置在交叉点的构图形式。十字形构图具有较强的安全感、和平感和神秘感，如果处理不当容易使画面显得呆板。

构图形式在实际运用时一定要灵活处理，根据不同的题材选用，切记为了运用某种形式而去生搬硬套，以免出现"空""闷""板""堵""偏""散"等问题，做到集中而不单调，稳定而不呆板，饱满而不滞塞，活泼而不散乱。

17

课题 2　结构素描表现

1.2.1　结构素描概述

　　结构素描的理念于 1919 年由德国包豪斯学校提出来，于 19 世纪 80 年代引入中国。

　　结构素描以理解、剖析、表达物体的结构为最终目的，其特点是不施明暗，用线条为主要手段来表现出物体的轮廓和结构，并着重强调物体的结构特征。

　　结构素描通常结合推理与透视原理进行观察和绘制，其表现方法相对比较理性，对象的光影、质感、体量和明暗等因素则可以被忽视。

1.2.2　结构素描的重要性

　　形是一切造型的基础。结构素描从内部分析出发，借助水平线、垂直线、斜线及其形成的角和面的关系，物体各部分之间的关系，形体的透视关系等，使形的位置、比例、结构关系准确，然后深入地研究对象的解剖结构，以线造型为主，用更加富有表现力的线条使结构更准确、生动。

　　结构素描的造型因素比较单纯，便于绘画者集中精力解决形的问题，深入研究物象的结构，抓住造型的本质，培养扎实的造型能力和设计思维能力，同时也便于掌握造型的基本规律。

1.2.3　结构素描的绘画步骤

　　第一步：构图

　　构图是至关重要的一步，因为它决定了整幅画的成败。

　　单个几何形体一般应安排在画面的中间偏上位置，以免出现一边轻一边重的情况。上面留出的空间大约是下面留出空间的 1/3，上紧下松会给人比较舒服的感觉。如果物体画在画面偏下的位置，画面上的物体就会有下坠的感觉。这样的构图方法同样适用于其他内容的画面上。当然，物体的大小、结构不一，应根据合理、美观的构图要求灵活掌握，举一反三。

第二步：轮廓

在画轮廓时，要关注物体大的形，忽略一些细节。有些结构线虽被遮挡，也应该理解其内在本质。表现物体的轮廓线时，在纸上轻轻划过即可，避免过深的线条出现，以便于修改。

遇到较复杂的形体，要学会利用辅助线将其进行分解。辅助线在物体表面上是不存在的。

轮廓线不宜过粗，也不宜过于散乱，以免影响作画兴趣和激情。误差较大的线条要及时擦除。

第三步：细致刻画

细致刻画是指在前两个步骤基本确定之后，将几何形体的结构特征进一步完善，如用正确的作画方法把几何形体表现得更加具体、准确，比较物体与物体之间、物体本身局部与局部之间的关系等。

在结构素描中，近处能看到的结构线往往要画得深一些，被遮挡住的结构线画得浅一些，两者之间要有所区别。另外，所有辅助线也要保留在画面上，让人对所画结构一目了然。辅助线的颜色应该比看不到的结构线颜色更浅一层。

第四步：整体调整

这个过程包括对线条的进一步精确调整，以及对整个画面的完整与表现力进行提升，如桌面、衬布等。

1.几何体石膏结构步骤图

（1）正方体结构步骤图（图 1-34~ 图 1-38）

图 1-34　正方体结构

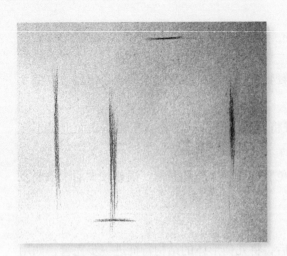

图 1-35　用线确定几何体石膏的位置及基本轮廓

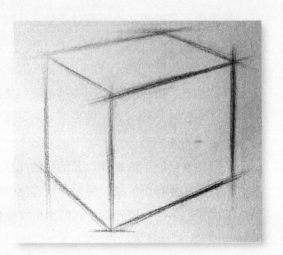

图 1-36　将石膏的外形画准确

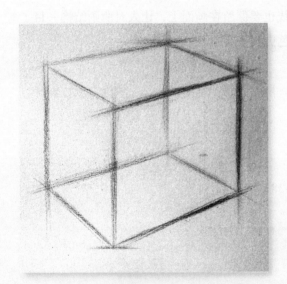

图 1-37　用透视检测石膏形状的准确性，并加以
　　　　　整理

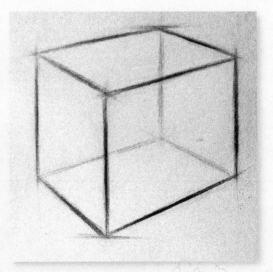

图 1-38　调整结构线的虚实变化及
　　　　　画面整体效果

（2）球体结构步骤图（图 1-39～图 1-42）

图 1-39　画一个正方形

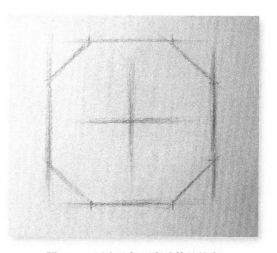

图 1-40　画出几何石膏球体的轮廓

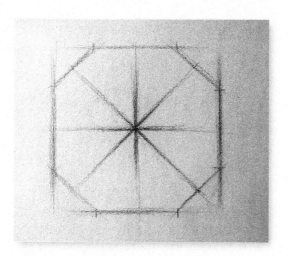

图 1-41　用切割的方法把球体的形状确定好，
　　　　　并加以辅助线确认

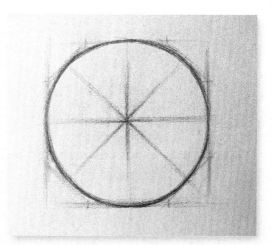

图 1-42　连接各切割的交点，并整理球体线条

（3）圆锥结构步骤图（图1-43~图1-46）

图1-43　用长直线确定圆锥体的位置

图1-44　画出圆锥体的长宽比例

图1-45　画出圆锥体的基本轮廓（注意圆锥体的斜面角度）

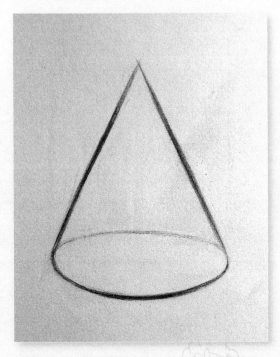

图1-46　整理结构线虚实变化及画面整体效果

（4）圆柱结构步骤图（图 1-47~图 1-50）

图 1-47　用长直线确定圆柱的位置，并画出中轴线　　　　图 1-48　确定圆柱的长宽比例

图 1-49　画出圆柱的准确结构（注意圆柱的透视　　　　图 1-50　整理结构线虚实变化及画面整体效果
　　　　　　原理）

（5）四棱锥结构步骤图（图1-51~图1-54）

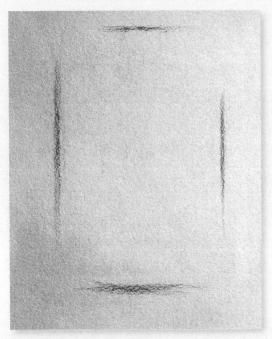

图1-51　用长直线确定四棱锥的位置

图1-52　画出四棱锥的长宽比例

图1-53　画出四棱锥的完整轮廓（注意三棱锥的
　　　　斜面角度）

图1-54　用透视检测四棱锥的准确性及线条虚实
　　　　变化

（6）六棱锥结构步骤图（图 1-55~ 图 1-58）

图 1-55　用长直线确定六棱锥的位置

图 1-56　画出六棱锥的长宽比例

图 1-57　画出六棱锥的完整轮廓（注意五棱锥的
斜面角度）

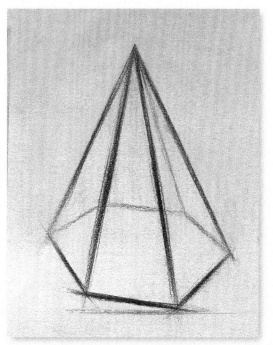

图 1-58　画出底面六边形（注意结构线虚实变化
及画面整体效果调整）

25

园林美术 | YUANLINMEISHI

（7）六棱柱结构步骤图（图1-59~图1-62）

图1-59 用长线确定几何体石膏六棱柱的位置

图1-60 确定四根垂直线及其间距比例

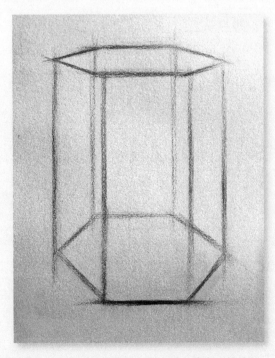

图1-61 画出顶面和底面六边形，确定六棱柱的
轮廓

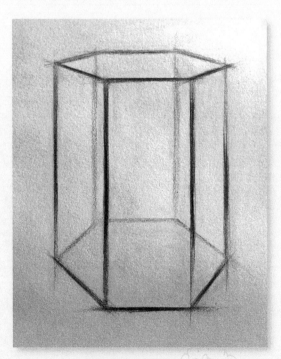

图1-62 注意六棱柱整体轮廓线的虚实变化

26

（8）几何石膏组合结构—步骤图（图 1-63~ 图 1-66）

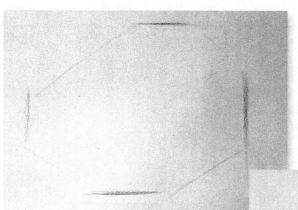

图 1-63　确定两个几何体石膏的位置

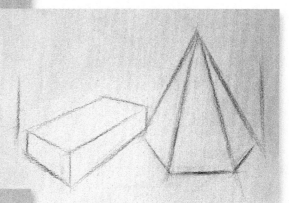

图 1-64　画出两个几何体石膏的完整形状
　　　　（注意石膏之间的比例）

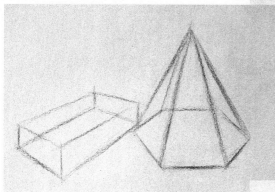

图 1-65　用透视检验石膏的准确性并调整

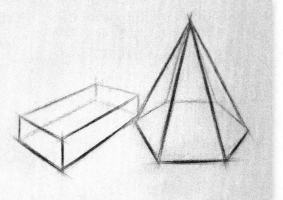

图 1-66　整理结构线的虚实变化及画面整体效果

27

（9）几何石膏组合结构二步骤图（图1-67~图1-70）

图1-67　仔细观察绘画的对象，确定位置

图1-68　基本确定四个物体的大体轮廓及
大小比例

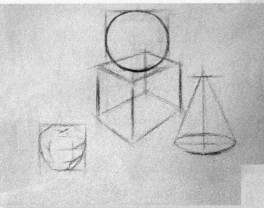

图1-69　对每个静物进行分析，并加上透视线，
及时纠正错误形状

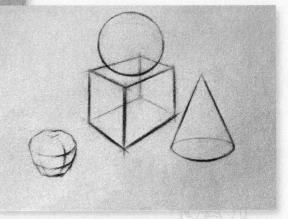

图1-70　加强线条虚实处理，并对整个画面进行主次调整

2.静物结构步骤图

（1）水果结构步骤图（图 1-71~图 1-74）

图 1-71　确定梨的位置

图 1-72　用短线条找出梨的外形轮廓

图 1-73　画出梨的结构线

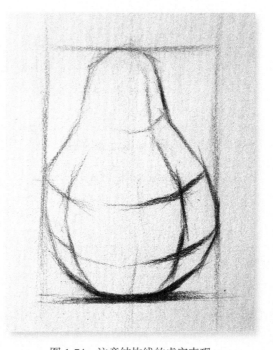

图 1-74　注意结构线的虚实表现

園林美术 | YUANLINMEISHI

（2）盘子结构步骤图（图1-75~图1-78）

图1-75　用长线确定盘子的大小位置

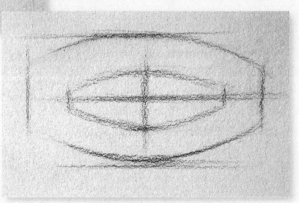

图1-76　勾勒出盘子的大体轮廓

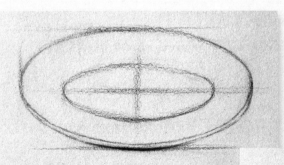

图1-77　画出盘子的结构线

图1-78　整理盘子的结构线（注意虚实处理）

（3）玻璃瓶结构步骤图（图 1-79~ 图 1-82）

图 1-79　用线条确定瓶子的位置

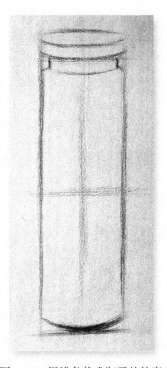

图 1-80　用线条找准瓶子的轮廓

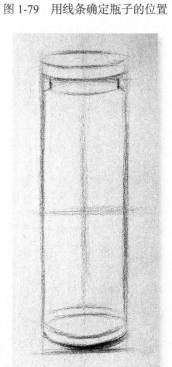

图 1-81　画出瓶子的结构线

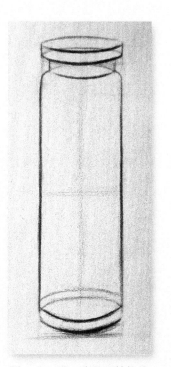

图 1-82　进一步整理结构线

31

（4）陶罐结构步骤图（图1-83~图1-86）

图1-83 确定陶罐的位置及长宽大小比例

图1-84 用线条勾出陶罐的外形轮廓

图1-85 画出陶罐的结构线

图1-86 进一步调整结构（注意结构线虚实的
处理）

（5）静物组合结构步骤图（图 1-87～图 1-90）

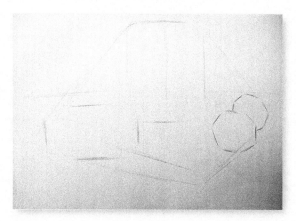

图 1-87　先用长线勾出三角形的构图，再画出静物的
　　　　　　大体轮廓

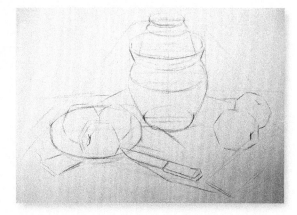

图 1-88　进一步确定静物的外形轮廓，并准确表达
　　　　　　出来

图 1-89　画出每个静物的透视线，进一步对每个静物
　　　　　　进行分析及外形调整

图 1-90　强调静物结构线，加入少量投影，并对
　　　　　　整个画面进行主次整理

1.2.4 作品欣赏（图 1-91~ 图 1-110）

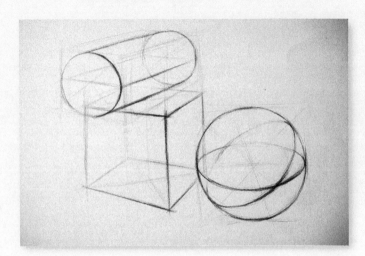

图 1-91
刘 祥

图 1-92
刘 祥

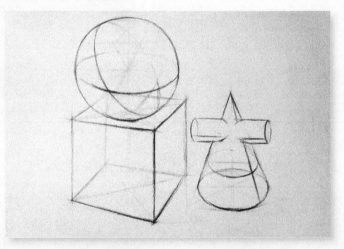

图 1-93
作者：喻 英
指导：唐 欢

图　1-94
作者：喻　英
指导：唐　欢

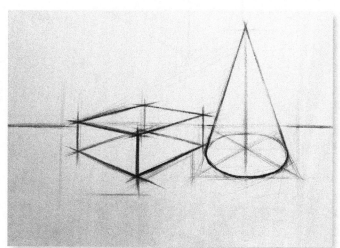

图 1-95
作者：王嘉诚
指导：康国珍

图 1-96
作者：何建坤
指导：康国珍

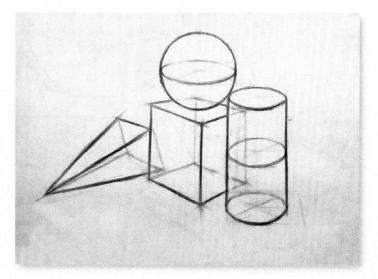

园林美术 | YUANLINMEISHI

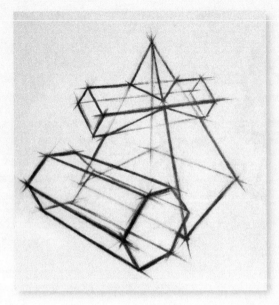

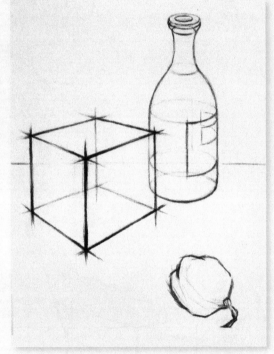

图 1-97
作者：王嘉诚　指导：康国珍

图 1-98
作者：张　萌　指导：康国珍

图 1-99
作者：谢　悦　指导：康国珍

图 1-97

图 1-98

图 1-99

36

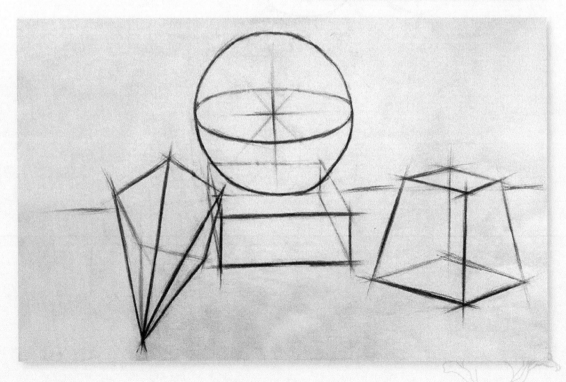

图　1-100
作者：刘 卓
指导：康国珍

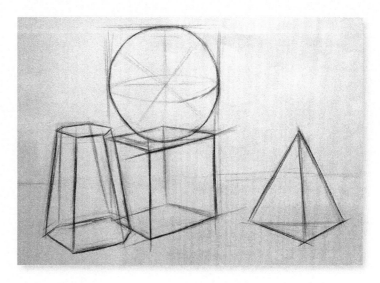

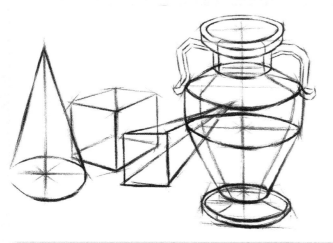

图　1-101
作者：吴乐蓓
指导：康国珍

图　1-102
作者：康卿菁
指导：康国珍

图　1-103
作者：张紫琦　指导：康国珍

图 1-103

　　图 1-104

图 1-105

图　1-104
刘　祥

图 1-105
作者：夏　禹　指导：康国珍

图 1-106

图 1-107

图 1-108

图 1-106
作者：唐　萱　指导：康国珍

图 1-107
作者：林正英　指导：康国珍

图 1-108
作者：刘永强　指导：康国珍

园林美术 | YUANLINMEISHI

图 1-109
作者：刘　卓
指导：康国珍

40

图 1-110
作者：张崇焱
指导：康国珍

单元2　光影素描

🔥 学习目标

通过学习，对光影素描有一定的了解，掌握光影素描的绘制方法。培养观察能力和动手能力，提高造型能力和审美能力。

课题 1　光影素描的基本知识及表现

2.1.1　光影素描概述

光影素描也称为全因素素描或明暗素描，即把物体在光线作用下的所有因素用丰富的明暗色调描绘出来（图2-1）。

图　2-1　　　　　　　　　　　　　　　　　　　　胡　旺

2.1.2　光影素描的重要性

光影表现和黑白构成是素描的表现技法之一，重在通过明暗关系表现物体的结构。光

影素描是设计表现的重要基础和基本技能，可以加深对物体结构的理解和进一步处理对象的比例、结构、体积、空间及相互关系，是结构素描难以达到的。因此，在学习了结构素描之后，还要学习光影素描（图2-2）。

图　2-2　　　　　　　　　胡　旺

2.1.3　光影素描的三大面、五大调子

1）光影素描的三大面：亮面、暗面、灰面。直接受光的面称为亮面；背光的面称为暗面；不直接受光又不背光的面称为灰面。三大面是建立物体立体感的基础。正方体的三大面如图2-3所示。

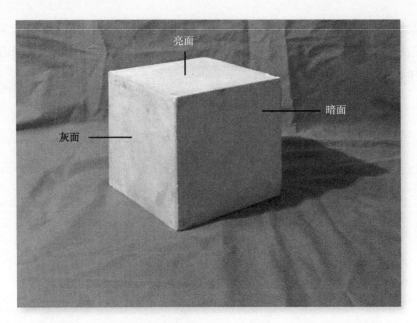

图 2-3　正方体的三大面

2）光影素描的五大调子：亮调、灰调、明暗交界线、反光、投影。这是在三大面的基础上的进一步划分。但这也只是概况的分法，目的是便于正确理解物体的明暗关系。球体的五大调子 如图 2-4 所示。

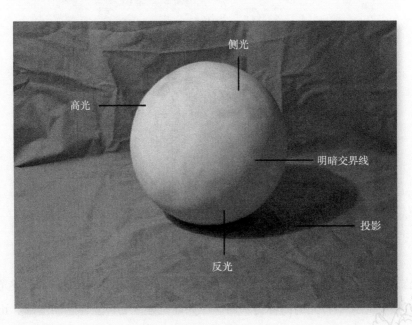

图 2-4　球体的五大调子

2.1.4　光影素描的绘画步骤

1. 静物水果的绘画步骤

第一步：构图

画前观察，选取适当的作画位置，把握对象的位置、透视关系及形体特征（图2-5）。

第二步：画出大色调

画出大体的明暗色调。注重黑、白、灰大关系、大层次，从整体考虑，尽量不要画局部（图2-6）。

第三步：深入刻画

抓住明暗色调与形体的联系，从结构出发去认识明暗色调的变化。从明暗交界线开始塑造形体，从整体出发，强化黑、白、灰大关系，刻画出物体的细节质感（图2-7）。

第四步：调整统一

注重整体。局部服从整体，调整局部，使形体刻画更加集中、概括、生动（图2-8）。

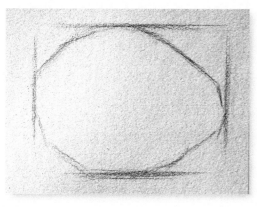

图　2-5

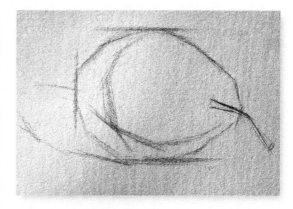

图　2-6

图　2-7

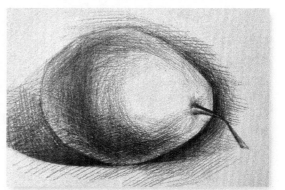

图　2-8

2. 静物鞋子的绘画步骤（图2-9~图2-11）

图 2-9   图 2-10   图 2-11

2.1.5 作品欣赏（图2-12~图2-49）

图 2-12
作者：雷桂容
指导：康国珍

图　2-13
作者：王　悦　指导：康国珍

图　2-14
作者：侯翔宇　指导：康国珍

图　2-15
作者：康卿菁　指导：康国珍

图 2-13

图 2-15

图 2-14

47

图 2-16
李温喜

图 2-17
作者：王舒怡
指导：康国珍

图　2-18
作者：喻　英
指导：唐　欢

图　2-19
作者：杨　浩
指导：唐　欢

图 2-20
作者：杨秋琳
指导：康国珍

图 2-21
作者：黄 中
指导：康国珍

图　2-22
作者：夏　禹
指导：康国珍

图　2-23
作者：谢　悦
指导：康国珍

图 2-24
作者：梁世豪
指导：康国珍

图 2-25
作者：康卿菁
指导：康国珍

图　2-26
作者：黄　中
指导：康国珍

图　2-27
作者：张　燕
指导：康国珍

图 2-28
作者：王嘉诚　指导：康国珍

图 2-29
李温喜

图 2-28

图 2-29

图 2-30

图 2-30
作者：刘之豪　指导：唐　欢

图　2-31
作者：杜　洋
指导：唐　欢

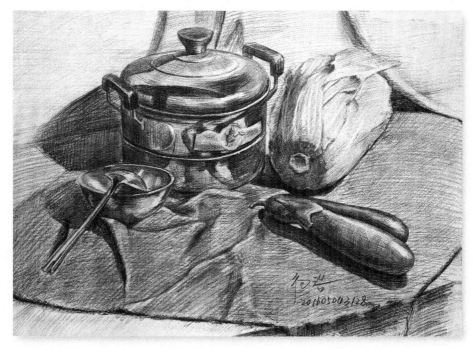

图　2-32
作者：杨　浩
指导：唐　欢

图 2-33
李温喜

图 2-34
作者：茂 辰
指导：胡 旺

图　2-35
作者：米红梅　指导：胡　旺

图　2-36
作者：杨　浩　指导：胡　旺

图　2-37
作者：杨　浩　指导：胡　旺

```
图 2-35
        图 2-37
图 2-36
```

图 2-38
作者：贾 梅 指导：王 中

图 2-39
作者：米红梅 指导：胡 旺

图 2-40
作者：高智葵 指导：王 中

图 2-38

图 2-40

图 2-39

图　2-41
作者：李陈瑞泽
指导：王　中

图　2-42
作者：李萍萍
指导：王　中

59

图 2-43
作者：宋付时蕤
指导：王 中

图 2-44
作者：叶 晨
指导：王 中

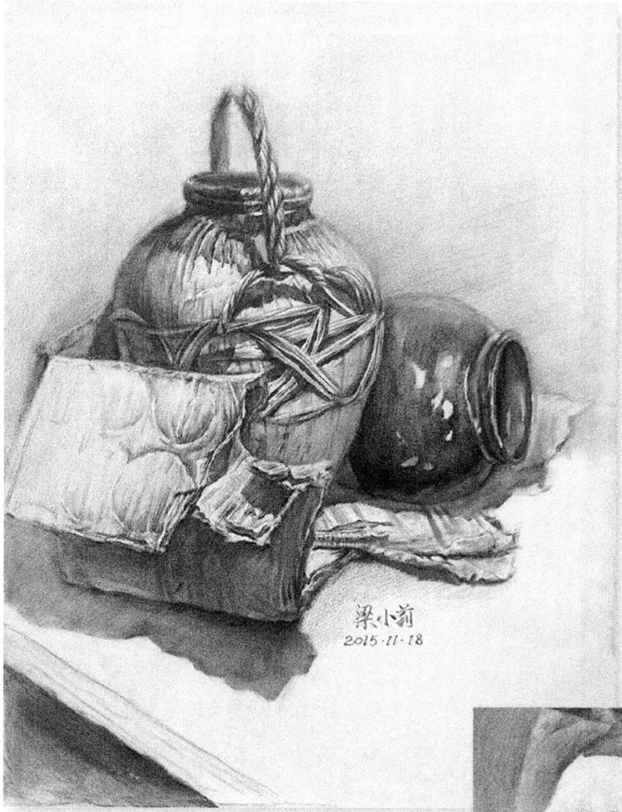

图　2-45
作者：梁小莉
指导：常占文　朴龙晟

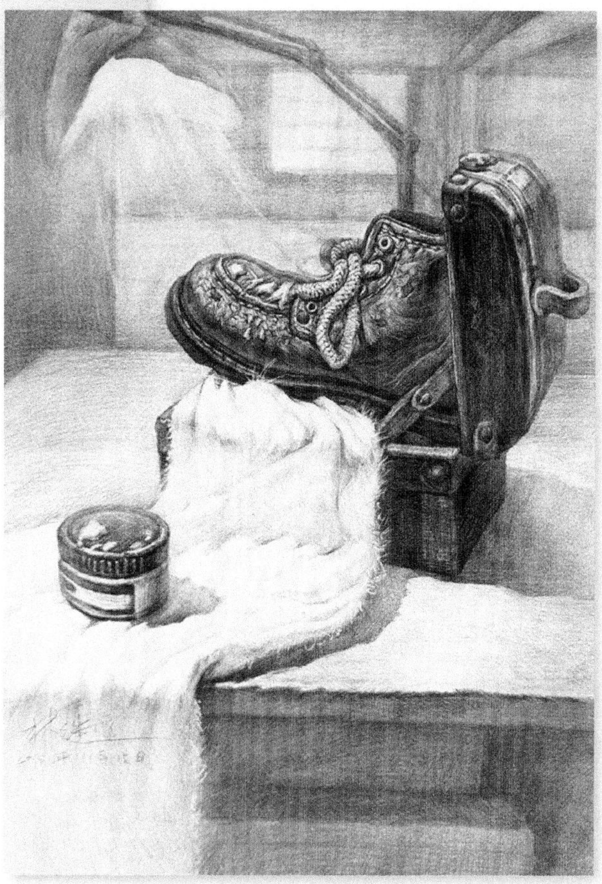

图　2-46
作者：林继坚
指导：常占文　朴龙晟

图 2-47
作者：叶东水
指导：常占文　朴龙晟

62

图 2-48
作者：周　平
指导：常占文　朴龙晟

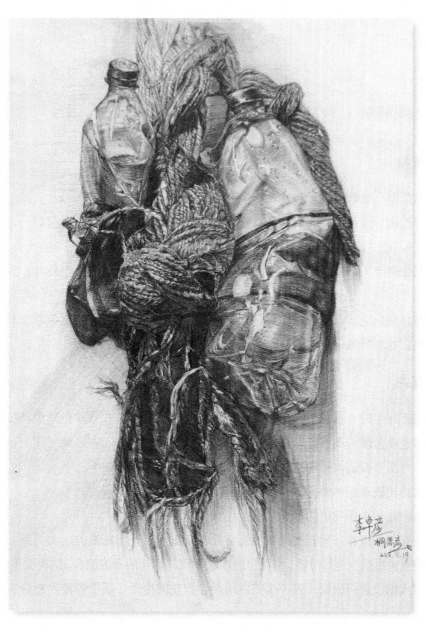

图　2-49
作者：李卓彦
指导：常占文　朴龙晟

课题 2　风景速写

2.2.1　风景要素归纳表现

1. 植物

①抓住整个植物的大形和主要特征，不要过早被细节吸引。

②分组画，注意枝叶前后穿插。绘画者很容易画成只有左右没有前后，尤其是朝向绘画者角度伸展的枝叶，很容易画成平的片，要注意透视变化。

③抓住重点（即最初吸引你去画的地方）加深刻画，比如某一组枝叶，或者是整体的气势。

④经常跳出局部看整体。如果是铅笔速写，注意黑、白、灰对比关系。其实速写过程中需要注意的事项都是一样的，即构图、整体—局部—整体、层次。

2. 花卉

在花卉写生时，首先要充分研究和了解其组织结构、生长规律及形象特征，然后再根据不同的透视角度去观察和分析，以便更好地把握花的神态。在表现形式上，要适当地进行取舍、夸张和改造，从而达到神形兼备的效果。具体步骤如下：

①选择比较理想的角度，在画面上安排好花、枝、叶的位置。

②画出花和少量叶子的基本形状，注意分清主次。

③在充分了解花卉生长规律和形态特征的基础上，分出花瓣的层次关系。

④根据前后层次进行分组，用肯定的线条画出花瓣及叶子的组合。结构关系要交待清楚。

⑤深入细节进行描绘，进一步完成画面，把花的生动、活泼等特点充分表现出来。

2.2.2　风景速写步骤

1. 构图与景物选择

选择好角度，根据构思确定取景并安排构图。可以用手指相互搭接，通过观察所取景物来构图；也可选取卡纸，用工具剪下一个矩形框来解决构图取景。

2. 确定近景、中景、远景三个层次

用简练的线条勾出外观轮廓，确定近景、中景、远景三个层次。用线条勾时，需注意线条的疏密、粗细、曲直和软硬的变化。用线要流畅，例如直线，只要画出视觉上的直线即可，不必追求像尺子比出来似的效果。

3. 空间距离表现

风景写生，有时候需要把繁杂的东西概括出来，有时候又要把本来弱的东西画出来，主要根据画面的需要来定。画面的概括与细部的刻画要服从主体的需要，要根据画面的艺术效果来定。在完成主体塑造的同时，还要完成中景的塑造，保持画面的空间关系。加上远景，对整体画面进行调整，注意主次、前后及空间等关系，使画面统一。

4. 补充配景

在配景处理上一定要注意主次关系和保持画面风格的统一，切不可"喧宾夺主"，配景布置是为丰富画面、衬托主体用的。

5. 调整

重点是构图、线条的韵味、气势及个性流露。

2.2.3　作品欣赏（图 2-50～图 2-79）

图　2-50
胡　旺

图 2-51
胡 旺

图 2-52
胡 旺

图   2-53
胡   旺

图   2-54
胡   旺

图   2-55
胡   旺

图 2-53	
图 2-54	图 2-55

图 2-56　　　　　　　　胡　旺

图 2-57　　　　　　　　胡　旺

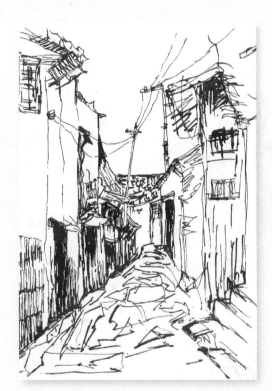

图 2-58　　　　作者：陈梓瑶　指导：胡旺

图 2-59　　　　作者：黄梦婷　指导：胡旺

图　2-60　　　　作者：张翠萍　指导：胡旺

图　2-61　　　　作者：刘文灿　指导：胡旺

图　2-62　　　　作者：周梓言　指导：胡旺

图　2-63　　　　作者：刘文灿　指导：胡旺

图 2-64　　　　　作者：廖志勇　指导：胡旺

图 2-65　　　　　作者：刘艾鑫　指导：胡旺

图 2-66　　　　　作者：罗钦垸　指导：胡旺

图 2-67　　　　　作者：李霞辉　指导：胡旺

图　2-68　　　　　　　作者：王倩　指导：胡旺　　　　　图　2-69　　　　　　　作者：刘文灿　指导：胡旺

图　2-70　　　　　　　作者：陈奕睿　指导：胡旺

图 2-71
作者：罗钦垸
指导：胡 旺

图 2-72
作者：陈奕睿
指导：胡 旺

72

图　2-73
作者：邓永宗
指导：胡　旺

图　2-74
作者：杨　徐
指导：胡　旺

图　2-75
作者：杨　悦
指导：胡　旺

图　2-76
作者：陈奕睿
指导：胡　旺

图　2-77
作者：刘　杰
指导：胡　旺

图　2-78
作者：王　凤
指导：胡　旺

图　2-79
作者：温　建
指导：胡　旺

单元3 色彩基础

学习目标

通过色彩学习，掌握色彩的基本知识，熟悉色彩和色彩绘制的工具、材料及基本技法，掌握科学的观察方法、用色技巧和表现方法，具备园林设计专业必备的色彩知识，提高审美表现能力和艺术鉴赏力，实现为专业设计课程服务，为将来的专业学习奠定基础的目标。

园林美术 | YUANLINMEISHI

课题 1 色彩基本知识

3.1.1 色彩的概念

色彩是光对人的视觉和大脑发生作用的结果，是一种视知觉。人需要经过光—眼—神经的过程才能见到色彩。

3.1.2 色彩的重要性

随着现代色彩学的发展，人们对色彩的了解、认识和应用的不断深入，色彩在生活、设计等各个领域中的地位越来越重要。设计离不开色彩，色彩在设计中具有很强的表现力和感染力，它可以通过视觉感知产生一系列的生理和心理效果。

3.1.3 色彩的基本原理

1. 光与色

光是人们感觉色彩存在的先决条件，它与色彩有着密不可分的关系。光是色彩产生的原因，有光才有色。光产生于光源，光源可分为自然光和人造光两类。牛顿用三棱镜分解日光，获得红、橙、黄、绿、青、蓝、紫 7 种色彩。

2. 色彩的特性

（1）固有色　固有色是物体在柔和的日光下所呈现的色彩。通常情况下，这种颜色是比较固定的。例如，草是绿色的，这种绿色就是草的固有色。

（2）光源色　光源色是由各种光源发出的光所呈现的色彩，光波的长短、强弱、比例、性质不同，形成的光源色也不同。

（3）环境色　环境色又称条件色，是指物体受周围环境色彩影响而引起的相应部位的颜色（固有色）变化，并不是指物体周围环境的色彩。例如，黄皮肤的中国人穿红色衣服时，人脸的暗部会呈现红灰色，而穿绿色衣服时又表现为绿灰色，这种红灰色或绿灰色就是环境色。一般情况下，环境色没有固有色和光源色明显。

78

（4）色调　简单地讲，色调是指画面中表现出的色彩总倾向或总特征。色调是对特定的色彩关系的高度概括，即从复杂的色彩变化中找出主要的色彩倾向，使各个固有色（即不同的物体），都偏向于统一的色彩关系，组成整体的、和谐的、有色彩节奏感的画面。绘画时应注意两点：

①对立色彩的面积要小，这样不影响整个画面的色调。

②对立色彩的色性应尽量向主体基调靠拢。例如，一幅冷调子的画面上，如有较多的暖色，则应尽量使这些暖色偏冷，使其与主体基调协调统一。

3. 色彩的分类：原色、间色、复色

（1）原色　原色为大红、柠檬黄、湖蓝。原色又称第一次色，理论上可以调出其他一切色，但不能被其他色调出。颜料调配时，三原色的混合色为黑色。从红、黄、蓝三原色开始，可以做出 12 色色相环。（图 3-1~图 3-4）。

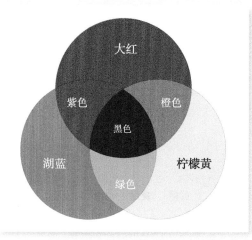

图　3-1

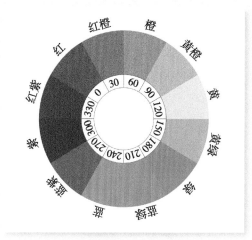

图 3-2　12 色色相环

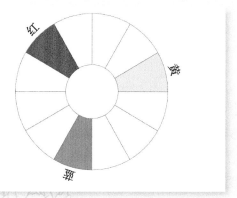

图　3-3

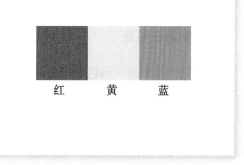

图　3-4

（2）间色　间色为橙、绿、紫。间色又称第二次色，是由原色两两相加调出的。例如，红＋黄＝橙；黄＋蓝＝绿；蓝＋红＝紫（图3-5和图3-6）。

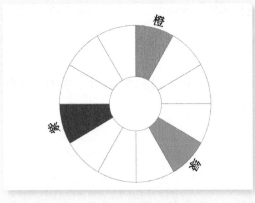

图　3-5

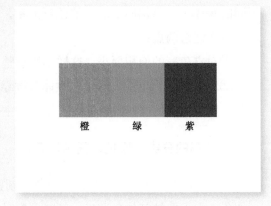

图　3-6

（3）复色　复色又称第三次色，可以由三原色混合，间色与其他色混合，或者任何色与灰色混合。例如，红＋橙＝红橙；黄＋橙＝黄橙；黄＋绿＝黄绿（图3-7和图3-8）。

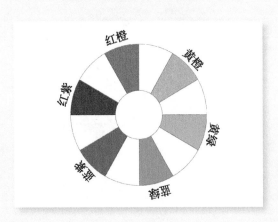

图　3-7

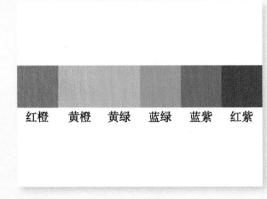

图　3-8

4. 色彩三要素

视觉所感知的一切色彩现象，都具有明度、色相和纯度三种性质，称为色彩三要素。

（1）明度　色彩的明暗程度。每种颜色都有与其相应的明度，给某种颜色加白色时，其明度就会提高；加黑色时，其明度就会降低，同时其纯度也会随之降低。例如，黑的明度＜紫的明度＜红的明度＜橙的明度＜黄的明度。此外，相同的颜色也会随着光线的强弱变化产生不同的明暗变化（图3-9）。

图　3-9

（2）色相　色彩的相貌特征，是区别不同色彩的表相特征和标准，不同名称对应不同色相，如红、黄、绿、蓝等。此外，同一类颜色也有色相区分。例如，黄可分为柠檬黄、中黄、土黄等；灰可分为红灰、蓝灰、紫灰等（图3-10）。

图　3-10

（3）纯度　色彩的鲜艳和深浅程度，是颜色本身的纯净程度，也称彩度、艳度、浓度、饱和度。原色的纯度最高，随着色彩调和的次数越多，其纯度越低。原色纯度比间色高，间色纯度比复色高。当纯度降到最低时，就会失去色相，变为无彩色，即黑色、灰色和白色（图3-11）。

图　3-11

3.1.4　同类色、邻近色、对比色、补色（图3-12）

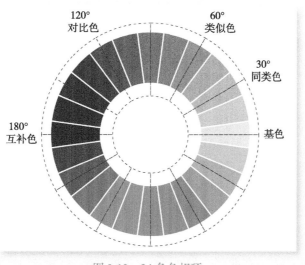

图3-12　24色色相环

①同类色：在色相环上，相差 30° 以内的颜色称为同类色。

②类似色：在色相环上，相差 60° 左右的颜色称为类似色。

③对比色：在色相环上，相差 120° 左右的颜色称为对比色，如红和黄、橙和紫。

④互补色：在色相环上，相差 180° 的颜色称为互补色，如橙和蓝、红和绿、黄和紫。

3.1.5　色彩工具和材料

1. 水粉颜料

水粉颜料又称为广告色、宣传色，有锡管装和瓶装等。水粉颜料可以适当多准备几种颜色，因为虽然理论上三原色可以调一切色，但实际上有时做不到。白色应多准备一些（图 3-13）。

2. 调色盒、调色板

常用的调色盒有 18 格、24 格两种。颜色要按色系和明度顺序排列，便于使用。调色板是专门用来调色的，可以另外买，也可以用调色盒的盖替代（图 3-14 和图 3-15）。

图 3-13　水粉颜料

图 3-14　调色盒

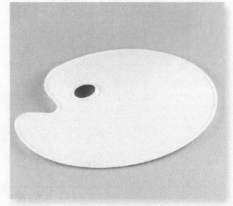

图 3-15　调色板

3. 水粉笔

水粉笔按单双号选一套即可，如 2、4、6、8、10、12 或者 1、3、5、7、9、11。一

般大号笔铺大色块，中号笔画具体的物体，小号笔刻画细部。在画的时候，也可以根据需要灵活运用（图 3-16）。

图 3-16　水粉笔

4. 纸

纸用水粉纸（图 3-17）、水彩纸、素描纸均可。

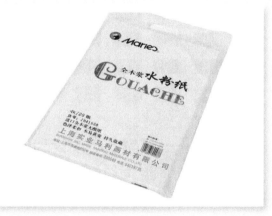

图 3-17　水粉纸

5. 其他

①小水桶：用来装水洗笔或者调色。水脏了要及时换水。

②毛巾或者海绵：吸去笔上多余的水。

③另外还有画架、画板、透明胶、铅笔、橡皮等工具。

83

3.1.6 色彩调色练习

1. 色彩二次调色（纯度、明度）练习（图3-18）

调色步骤：中间选用13种基本的颜色，向左在基本颜色上加黑色，黑色由少到多递增，呈现色彩纯度变化的效果。向右在基本颜色上加白色，白色由少到多递增，呈现色彩明度变化的效果。其目的是了解和掌握色彩纯度和明度的调色方法及表现形式。

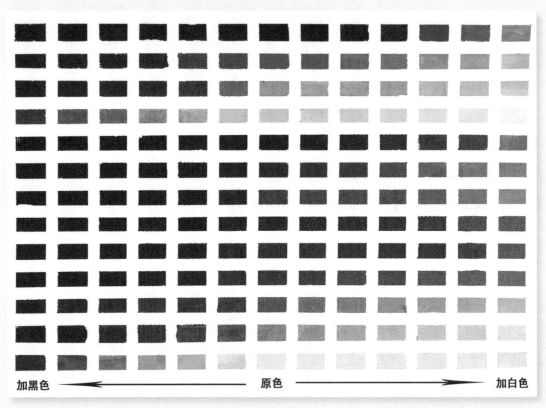

加黑色 ◄━━━━━━━━ 原色 ━━━━━━━━► 加白色

图 3-18　　　　　　　　作者：吴乐蓓　指导：唐欢

2. 色彩三次调色（暖色）练习（图3-19）

调色步骤：第一排选用12种基本的颜色；第二排第一个颜色是大红（大红之后的颜色依次是同列第一排颜色与大红颜色相调和得出的颜色，如：大红＋柠檬黄＝橙色）；第三排到第八排是用所有颜色加大红得出的颜色依次加白色（如：大红＋柠檬黄＝橙色，用橙色加白色），白色由少加到多，呈现明度变化的效果。其主要目的是了解和掌握暖色系的调色方法及表现形式。

84

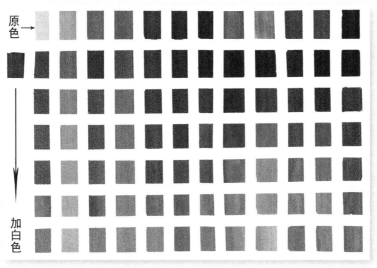

图 3-19   作者：张茂原   指导：康国珍

3. 色彩三次调色（冷色）练习（图 3-20）

调色步骤：第一排选用 12 种基本的颜色，第二排第一个颜色是湖蓝（湖蓝之后的颜色依次是第一排每个颜色与湖蓝颜色相调和得出的颜色，如：湖蓝＋柠檬黄＝绿色），第三排到第八排是用所有颜色加湖蓝得出的颜色依次加白色（如：湖蓝＋柠檬黄＝绿色，用绿色加白色），白色由少加到多，呈现明度变化的效果。其主要目的是了解和掌握冷色色系的调色方法及表现形式。

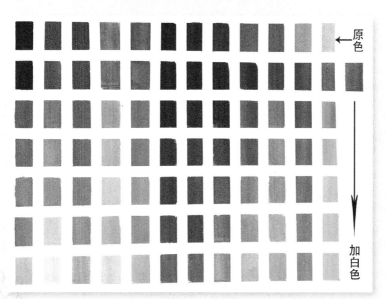

图 3-20   作者：张茂原   指导：康国珍

课题2 色彩静物表现

3.2.1 水粉画的用笔方法

画笔是绘画表现的主要工具，笔的形状、大小、软硬、用法各异。根据不同的对象使用不同的笔法，可以产生不同的笔触效果，表现出复杂多样的形象，增强画面的氛围和意境，以及抒发作者的情感。

水粉画的用笔方法很多，常见的有揉、刷、摆、扫、托、点、擦等。运用恰当的用笔方法，有助于加强画面的艺术表现力，这也是构成画面美感的重要手段之一。用笔方法只是绘画表现的一种技巧，它是为呈现艺术效果而服务的。只有通过不断的探索和实践，才能寻找到适合自己的用笔方法。

（1）揉　将调好的颜色，用笔在纸上以并列、叠加的方式揉，会呈现出一段过渡色。揉在一起的色块厚重感强（图3-21）。

图　3-21

（2）刷　笔触呈片状，可以借鉴水彩画的湿画法。常用于大面积部分，如背影、天空、草地等（图3-22）。

图　3-22

（3）摆　取一支大小适宜的画笔，用扁平的宽面根据需要一笔一笔地将颜色平行摆上去，也可以交错摆。摆笔不要全部重叠，摆笔的色块过渡要分明（图 3-23）。

图　3-23

（4）扫　扫的笔触是以线状形式表现的，可以迅速果断地表现色彩，其笔触有力、变化大、感情色彩强烈（图 3-24）。

图　3-24

（5）托　笔触画得较长，笔自然流畅，常用于画树枝、兰花、头发等（图 3-25）。

图　3-25

（6）点　用笔尖或笔肚上色，在画面上画出不同大小、形状的点，每个点之间要保持一定的距离。点时应根据画面的需要，注意大小的结合与疏密变化。点的方法多用于画物体的高光、树叶、花卉等（图 3-26）。

图 3-26

（7）擦 擦笔上色，擦的力度较大，可以来回擦，在擦动中颜色干湿变化丰富，笔触感强。注意避免用太湿的笔，以免将纸擦破（图3-27）。

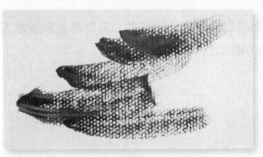

图 3-27

3.2.2 色彩调色常识

水粉色彩写生时，通常不直接用调色盒里的颜料往画面上画，而是将需要的颜色放在调色盘上，经过调和再往画面上画。调色时，需要注意的是看准色系，超过三种以上颜色混合，颜色会变灰、变脏，所以在这之前必须掌握一定的调色常识。如要降低色彩的纯度，可以加入该色的补色或对比色，使其颜色纯度迅速降低。例如，画青椒时，在绿色里加入少量红色，颜色就会更逼真。

3.2.3 写生色彩的观察方法

写生色彩是从客观的、真实的角度去观察，再现客观自然的真实色彩关系的过程。客观世界的色彩现象千变万化，人眼辨色能力会随着实践锻炼而逐渐增强，从而能获得的色彩感觉也越来越多。要用有限的物质颜料去表现丰富的色彩现象，表达绘画的思想内容，就需要不断地实践练习。只有掌握正确且科学的观察方法，才能有效地表现客观物象，这是创造优秀作品的先决条件。

（1）整体观察　整体观察的重点是识别色彩关系。自然界的色彩在光线与环境的作用下变化万千，丰富多彩。物体呈现出来的大小主次、色彩的冷暖明暗、前后空间的虚实等实际上是一种相互贯通、依存、连接和对立的整体制约关系。在绘画过程中，不能仅仅孤立地针对局部的某个物体或某种色彩进行观察和分析，忽略其与整体的联系，这样将局部色彩进行照抄或随意拼凑的效果缺乏整体性和协调性。正确的观察方法是：遵循"整体—局部—整体"的绘画规律，先从整体的角度出发去掌握色彩主调，概括、提炼和归纳出自然色彩，并对周围的环境、背景、光线等进行综合分析，从整体上兼顾周围景物的色彩变化，准确把握住各种物体之间的色彩变化关系；然后对某些局部色彩关系进行主观处理，协调画面各因素，使一切局部的、零散的、琐碎的、偶然的物体色彩现象都服从于整体的要求，由此及彼、由表及里地去观察和表现色彩。

（2）比较观察　色彩的多样化和相互之间的关系，只能在反复比较中才能正确的认识，整体观察的方法也是在比较的基础上实现的。在观察事物时，需要通过对物象间的色相、色度、色性进行反复比较，并把光源色、环境色、物体色作为一个有机的整体进行全面比较，才能找出各物象色彩之间的异同之处，从而在复杂的色彩关系中找到主调，把握色彩的总体效果，这是一个求同存异的过程。例如，绘画时先以确立画面整体的主调为前提和基础，然后深入色彩关系的局部进行对比，使局部的色彩变化统一于整体之中，做到同中求异、异中有同，既有统一又不失变化。

（3）深入自然，渗透自然　艺术来源于生活，却高于生活。艺术的魅力就是把我们认为再普通不过的事物，通过认真观察，仔细分析，借助各种媒介艺术化再现或再造，准确传达绘画者的思想情感，让大众更自由、更轻松地理解和接受。

3.2.4　色彩静物表现（图 3-28）

图　3-28

89

1. 单色定稿

先观察，再用单色群青或普蓝起形。注意各静物之间的大小、比例、位置及疏密关系（图 3-29）。

图 3-29

2. 铺大体色

用大号笔铺出大色调，即背景及衬布，保持色调统一。注意把握好画面亮暗部的对比关系（图 3-30）。

图 3-30

3. 深入刻画

保持画面的明暗对比和色彩对比关系。加强刻画物体的细节部分。注意反光的颜色（图 3-31）。

图　3-31

4. 检查调整

调整画面里大的色彩关系，对画面视觉中心的物体和靠前的物体进行更加深入的细节刻画，做到既整体又富有变化，主次分明，节奏感强（图 3-32）。

图　3-32

91

3.2.5 名画欣赏（图3-33~ 图3-43）

图 3-33	图 3-34
图 3-35	图 3-36

图 3-33 花瓶里的三朵向日葵 　　　　梵·高

图 3-34 花瓶里的五朵向日葵 　　　　梵·高

图 3-35 向日葵（十二朵向日葵） 　　　梵·高

图 3-36 向日葵（十五朵向日葵） 　　　梵·高

图 3-37　鸢尾花
梵·高

图 3-38　窗帘，水壶和水果
塞　尚

图 3-39　高脚果盘，玻璃杯和苹果
塞　尚

93

图 3-40　一篮苹果
　　　　塞　尚

图 3-41　一盘樱桃
　　　　塞　尚

图 3-42　桌子上的
锡壶和西红柿
高　更

图 3-43　梨子
和葡萄
莫　奈

3.2.6 作品欣赏（图3-44~图3-73）

图 3-44
作者：雷桂容　指导：康国珍

图 3-45
作者：张　萌　指导：康国珍

图 3-46
作者：卢　欣　指导：康国珍

图 3-47
作者：杨雨晴　指导：康国珍

图 3-48
胡 旺

图 3-49
刘 祥

图 3-50 | 图 3-51

图 3-52

图 3-50 刘祥

图 3-51 刘祥

图 3-52 作者：王豪 指导：康国珍

图 3-53
作者：曾 贵
指导：康国珍

图 3-54
作者：潘梓玉
指导：康国珍

图　3-55
作者：林正英
指导：康国珍

101

图　3-56
作者：杨忠冰
指导：康国珍

图　3-57
作者：李银菊
指导：康国珍

103

图　3-58
作者：林正英
指导：康国珍

图　3-59
作者：邓玉顺
指导：康国珍

图3-60	图3-61
图3-62	图3-63

图　3-60　　作者：敬金艳　　指导：王淑娟

图　3-61　　作者：蒲张怡然　指导：王淑娟

图　3-62　　作者：邓景芳　　指导：王淑娟

图　3-63　　作者：钟雪莲　　指导：王淑娟

图 3-64
作者：郑江利
指导：王淑娟

图 3-65
作者：敬金艳
指导：王淑娟

图 3-66

图 3-67

图 3-68

图 3-66　　作者：吴　松　　指导：王淑娟

图 3-67　　作者：阿呷子拉　　指导：王淑娟

图 3-68　　作者：李　勤　　指导：唐　欢

图 3-69
作者：刘雅琳
指导：唐 欢

图 3-70
作者：杜 洋
指导：唐 欢

图 3-71
作者：刘 杰
指导：唐 欢

图 3-72
作者: 杜 洋
指导: 唐 欢

图 3-73
作者：米红梅
指导：唐 欢

课题3 色彩风景表现

3.3.1 风景画的重要性

风景画一方面可以陶冶情操，另一方面也可以进一步掌握色彩写生的技巧，训练色彩感觉（图3-74）。

图 3-74　　　　　胡旺

3.3.2　色彩风景画的三大要素

1. 构图

（1）垂直线构图　给人以稳定、沉着、庄重之感。

（2）水平线构图　给人以平静、开阔、向左右无限延伸之感。

（3）斜线构图　具有不稳定的趋于动感的表现特征。

（4）十字构图　具有稳重、严肃、安静之感，透视感和空间感非常强。

（5）S 形构图　具有流畅、活泼、延长变化的特点，画面具有优美、协调之感。

（6）C 形构图　具有线条美的特点，画面简洁明了。

2. 色调

色调即色彩调子，是整个画面色彩的主要倾向性，同时也是整幅画的灵魂，所以要想画好色彩风景，就要掌握好整幅画的色调。

3. 透视

只有掌握好整个画面的透视关系，才能把空间表达得更完整。一点透视是比较常见的表达方式，物体近大远小、近实远虚、近暖远冷。

3.3.3　色彩风景写生的方法与步骤

1. 色彩风景写生的方法

（1）由远至近　即从浅到深、从虚到实进行表现。这样易于掌握干湿技法的运用，控制色彩的深浅，也可以准确把握明暗层次关系的衔接过渡。这种表达方法必须具有整体性观念，切记不能只强调局部。

（2）由近及远　这种方法在具有一定的绘画基础之后才能掌握。因为要表现在短暂的时间里出现的美景，就必须准确、快速地挥笔抓住这转瞬即逝的景象，这样才能产生奇妙的效果。如果按照常规看一次画一次，这样自然的景致就不会出现。

（3）全面铺开　这种画法是先整体后局部再整体，要求有很强的整体观念和预见能力。在表现时，看似有些零乱，实则乱中有序，这是在具备一定的绘画能力和经验的基础上才能掌握的。

113

2. 色彩风景写生的步骤

第一步：画轮廓

可直接用颜色将景物大致勾出来。注意透视、比例、虚实等关系处理（图3-75）。

图 3-75

第二步：铺大色

用大号笔根据总的色彩感觉尽快地铺出大体的色彩关系。表现时颜料可稀薄些，重要的是处理好画面前景、中景、后景的关系（图3-76）。

图 3-76

第三步：深入刻画和整理画面

①根据景物的总色调表现出色彩的准确性和丰富性，强调景物的主次关系和色彩的层次关系。

②检查画面的整体效果，对不足之处及时调整（图 3-77）。

图　3-77

3.3.4　色彩风景写生的注意事项

1. 构图问题

①色彩风景写生的首要问题是选景。应选最能让你激动且感觉自然舒服的景物，并能把这种感受具体落实。一般最快、最直接的方式就是用两手的拇指交叉成一个四边形的临时取景框，对着景物或横或竖认真观察画面的截取范围即可。

②构图时，注意近景、中景、远景的层次排列。画面上远近、明暗、强弱、疏密、动静、冷暖、虚实、高低等对比手法的运用十分重要，只有巧妙灵活地利用这些因素，画作才能更具有表现力和感染力。

③构图中，可以根据画面需要进行适当的取舍，其目的是让整个画面更自然，不会显得刻意死板。也可以利用景物的穿插或分割来打破这种呆板的形式。

2. 对光线的变化处理

色彩风景写生中比较难处理的就是早、中、晚光线变化的处理与区分，这就需多观察

景物，多体会自然界的光线变化和色彩变化。

3. 树、路面的表现

①画树前，应了解树的种类和长势。树的长势、结构都是有规律可寻的。通常画树应先画叶，再画树干及枝丫；如果画枯树则相反。画树时，注意整体关系的处理，用笔自然流畅，明暗关系处理恰当。

②表现路面时，首先应明白路是平面的。如果处理不好，表达不出平坦的效果，会有翘高或竖起来的感觉。画的时候注意透视关系的处理，应遵循近大远小、近实远虚的原理。路面色彩的变化因天空的颜色变化而变化。

3.3.5 名画欣赏（图 3-78~ 图 3-89）

图 3-78　露天咖啡厅　　梵·高

图 3-79
树林后面的村庄
塞　尚

图 3-80　有房舍和
农夫的景色
梵·高

图 3-81　乌云密布
的天空下的麦田
梵·高

图 3-82　麦田云雀
梵·高

图 3-83　睡莲
莫　奈

119

图 3-84　日本桥
莫　奈

图 3-85　日出·印象
莫　奈

图 3-86 圣维克多山
塞 尚

图 3-87 蒙塔涅圣维克多
风景和高架桥
塞 尚

121

图 3-88　埃斯泰克
的海湾
塞　尚

图 3-89　蓬图瓦兹附
近的瓦兹河
毕沙罗

3.3.6　作品欣赏（图 3-90~ 图 3-99 ）

图　3-90
胡　旺

图　3-91
刘　祥

图 3-92
作者：李梦月
指导：唐 欢

图 3-93
作者：杜 洋
指导：唐 欢

图 3-94	
图 3-95	图 3-96

图　3-94　　　　作者：姜　敏　指导：唐　欢

图　3-95　　　　作者：喻　英　指导：唐　欢

图　3-96　　　　作者：邓玉顺　指导：康国珍

图 3-97
作者：刘 卓
指导：康国珍

图 3-98
作者：潘泓灿
指导：康国珍

图　3-99
作者：林正英
指导：康国珍

参考文献 P R E F A C E

[1] 郭会丁 . 园林景观色彩设计初探 [D]. 北京：北京林业大学，2005.

[2] 王中 . 再谈高校设计专业的素描教学 [J]. 四川文理学院学报，2007，S1.

[3] 王中 . 浅析高职艺术设计专业素描教学的改革 [J]. 美术大观，2007，8.

[4] 王中 . 高等艺术设计教学中的色彩教学初探 [J]. 美术大观，2007，10.

[5] 艾德华 . 像艺术家一样思考Ⅲ：贝蒂的色彩 [M]. 朱民，译 . 哈尔滨：北方文艺出版社，2008.

[6] 王中 . 试论设计素描教学改革 [J]. 美术大观，2009，10.

[7] 康国珍 . 高校素描教学改革初探 [J]. 现代交际，2011，8.

[8] 康国珍 . 高校色彩教学改革与思考 [J]. 大众文艺，2011，16.

[9] 康国珍 . 探讨居住小区园林景观设计 [J]. 现代装饰（理论），2014，11.

[10] 李温喜 . 探析现代园林景观设计中的轴线控制手法 [J]. 现代装饰（理论），2015，6.

[11] 李温喜 . 探析城市软质景观设计 [J]. 现代装饰（理论），2014，12.

[12] 李温喜 . 探析环境艺术设计中符号学的应用 [J]. 现代装饰（理论），2015，9.